技能型人才培养“十三五”规划实训教材

生物化学
实训指导

主　编　刘庆苗　吴润田

副主编　韦安明　刘永伟　欧阳愿忠
　　　　徐艳群

编　者（按姓氏笔画排序）
　　　　韦安明　韦晓莲　冯青兰
　　　　刘永伟　刘庆苗　农丽化
　　　　杨　友　吴润田　欧阳愿忠
　　　　徐艳群　黄杰之　黄思源

西安交通大学出版社
XI'AN JIAOTONG UNIVERSITY PRESS

图书在版编目（CIP）数据

生物化学实训指导/刘庆苗，吴润田主编．—西安：西安交通大学出版社，2017.7
技能型人才培养“十三五”规划实训教材
ISBN 978－7－5605－9940－3

Ⅰ．①生…　Ⅱ．①刘…　②吴…　Ⅲ．①生物化学－高等职业教育－教学参考资料　Ⅳ．①Q5

中国版本图书馆CIP数据核字（2017）第186895号

书　　名　生物化学实训指导
主　　编　刘庆苗　吴润田
责任编辑　王银存

出版发行　西安交通大学出版社
（西安市兴庆南路10号　邮政编码710049）
网　　址　http://www.xjtupress.com
电　　话　（029）82668357　（029）82667874（发行中心）
（029）82668315（总编办）
传　　真　（029）82668280
印　　刷　西安明瑞印务有限公司

开　　本　787mm×1092mm　1/16　**印张**　3.75　**字数**　78千字
版次印次　2018年8月第1版　2018年8月第1次印刷
书　　号　ISBN 978－7－5605－9940－3
定　　价　15.00元

读者购书、书店添货，如发现印装质量问题，请与本社发行中心联系、调换。
订购热线：（029）82665248　（029）82665249
投稿热线：（029）82668803　（029）82668804
读者信箱：med_xjup@163.com

技能型人才培养“十三五”规划实训教材建设委员会

FOREWORD

前言

为了促进我校教学质量的提高，培养德、智、技全面发展的综合性护理技能型人才，我校组织人员编写了一套护理专业实训指导，《生物化学实训指导》是其中的一本。

在编写《生物化学实训指导》的过程中，以“三基知识”为基础，以“够用、实用”为原则，侧重培养学生的思维、动手能力。本书共编写了7个实训，分别是蛋白质及氨基酸的显色反应、血清蛋白的醋酸纤维薄膜电泳、酶的特性、邻甲苯胺法测定血糖、运动对尿乳酸含量的影响、酮体的生成和利用、丙氨酸氨基转移酶活性测定。在此7个实训中，蛋白质及氨基酸的显色反应编写了6个小的实训，酶的特性编写了4个小的实训，可根据实训室的条件进行开设。每个实训基本分为实训目的、实训原理、实训操作、注意事项、实训流程、实训评价，并附有考核参考标准和实训报告，学生随堂就可以书写实训报告，教师随堂评价。

此书得到了百色市民族卫生学校各位编写老师的辛勤付出及学校领导的大力支持，在此表示衷心的感谢！本书的顺利出版也得到了咸阳职业技术学院医学院白冬琴老师在百忙之中的全面审读，同时也得到了西安交通大学出版社给予的支持，在此一并表示感谢！

此书编写过程中，虽然各位编者付出了辛勤劳动，但是限于各种原因，书中疏漏之处在所难免，敬请同仁斧正。

编者

2018 年 5 月

CONTENTS

实训室一般规则

生物化学是一门以实训为基础的医学基础课程,实训教学是理论教学的延伸,也是整个教学工作的重要环节。通过实训教学,可以使学生在观察到实训现象的同时,加深对理论知识的理解和巩固,培养学生的动手能力、科学的工作态度、严谨的实训作风及独立的工作能力。通过准确记录实训现象、分析实训数据,可以逐步提高学生观察问题、分析问题和解决问题的能力,为今后从事医学工作或其他研究工作奠定必要的基础。生物化学实训室是实现上述教学目标的重要场所,对进入的人员有严格要求,在学生进入实训室前应该熟知。

一、实训室规则

1. 实训前的准备工作

上实训课前要认真预习实训教材,明确实训目的和要求,弄清实训的基本原理、操作步骤及注意事项,做到实训目的明确,操作步骤及注意事项清楚。

2. 实训过程中的操作规范

实训过程中应严格遵守操作规范,注重培养科学的思维方法和良好的工作习惯。

(1)学生进入实训室必须穿工作衣,自觉遵守实训室纪律,保持室内安静,认真听老师讲解实训内容、操作要点及要求。实训操作时,不能大声喧哗,来回走动,有问题要及时请示老师解决。不迟到,不早退,实训室内严禁吸烟、饮食。

(2)爱护公物。每次实训前要清点实训器材,按操作规程正确使用、认真操作,如有损坏,要及时登记补领,使用完毕后如数交还。要注意节约实训试剂,避免不必要的人为浪费。

(3)养成良好的工作习惯,保持室内整洁。公用试剂用毕后应立即盖好,放回原处。所有固体废弃物应丢入垃圾桶中,不可弃于桌上或水池内。有毒及有害物品不能随意乱扔,应专门收集并做无害化处理。浓酸必须弃于小钵中,用水稀释后方可倒入水池。

(4)要注意实训室安全,杜绝事故的发生。

(5)及时如实记录实训数据及结果。

3. 实训结束后的工作

对所得实训数据和结果进行整理、分析和计算,得出实训结论,书写实训报告,总结实训中的经验教训。使用过的实训器皿应清洗干净,按规定放回原处,整理好自己的实训台,安排值日生打扫实训室。关闭门、窗、水、电和煤气等,经老师同意后方可离开。

二、实训室基本安全措施

为了保证实训室的安全，同学们应注意遵守以下实训室安全措施。

(1)学生进入实训室必须穿工作衣。

(2)实训室内严禁吸烟，易燃易爆物品应远离火源。低沸点的有机溶剂不可在火焰上直接加热，如需加热可采取水浴加热的方式，确保安全。

(3)使用电器设备要严防触电，切忌用湿手触摸电器。发现仪器漏电时，应停止使用并立即报告，一旦发生触电事故，应立即关闭电源，并用绝缘物体将导线挑离被电者身体；对呼吸停止者，应立即进行人工呼吸，同时及时送医院抢救。

(4)剧毒物品要严格管理，小心使用，切勿触及伤口及误入口内。操作结束后一定要认真洗手，严格清点物品。

(5)同位素实训时应注意自我防护和防止污染，严格遵守操作规程。

(6)强酸、强碱液体或剧毒液体的取用，必须使用洗耳球经吸量管吸取，不得用口吸取，万一不慎吸入口内或沾染皮肤，应立即用清水多次漱口或冲洗皮肤。若被强碱灼伤，要先用大量自来水冲洗，再用2%或5%乙酸溶液或硼酸溶液清洗；若被强酸灼伤，立即用大量自来水冲洗，再以5%碳酸氢钠溶液或5%氢氧化铵溶液洗涤。酚类物质触及皮肤引起灼伤时，首先用大量的水清洗，再用肥皂水洗涤，忌用乙醇。严重灼伤者，应立即将残留在身体上的液体轻轻冲洗，然后送医院进行处理。

(7)使用过的浓酸、浓碱废液应倒入指定容器内，尤其是强酸和强碱不能直接倒在水槽中，以免腐蚀下水道，并由专人负责处理。

(8)凡产生有害气体、不良气味和烟雾的实训，均应在通风条件下进行。

(9)火灾的预防及应急处理：某些易燃易爆试剂如乙醚、丙酮、乙醇、苯、金属钠等，在使用时应避免靠近火焰。低沸点的有机溶剂禁止在火上直接加热，只能在水浴上利用回流冷凝管加热或蒸馏。点燃酒精灯时，可用火柴、纸条引燃，切不可在酒精灯间互相点火。

经常检查电器设备及电源线路是否完好无损，导线的绝缘是否符合电压及工作状态的需要，防止电线短路、超负荷或接触不好产生电弧，或静电放电产生火花等引燃周围易燃物品而引发火灾。一旦发生火灾，不要惊慌失措，要立即切断火源和电源，搬走易燃物品，同时立即报告指导教师进行紧急处理，严防火势蔓延。若衣服着火，切忌乱跑，可迅速就地滚动灭火。若火势较大，应立即报警。

三、实训数据的记录及实训报告的书写

1. 实训记录

在实训过程中要对实训名称、目的、原理、操作过程、结果和数据等进行原始记录，要保证记录的真实性、完整性和条理性。实训记录的具体要求如下。

(1)不得使用铅笔，应使用不易被涂改的钢笔或圆珠笔书写。

(2)原始记录要准确、简练、详尽、清楚，避免混淆。对在定量实训中所测得的数据最好设计一定的表格，并根据仪器的精确度准确记录有效数字。

(3)实训中使用仪器的类型、编号以及所用试剂的规格、化学式、分子量、浓度等均要准确记录,以便作为实训总结时进行核对和查找失败原因的参考依据。

(4)对于实训原始记录,不得用草稿纸或书本先记草稿,然后再抄誊,应直接记录在笔记本上,切忌臆测,更不准造假。原始数据一般不得修改,若需修改必须请示老师,并在原始记录上注明更改原因。

2. 实训报告的书写

实训结束后,要及时整理和总结实训数据,书写实训报告。实训报告是生化实训的一项重要内容,是对学生基本技能的培养。写好实训报告除了正确的操作外,还需要仔细观察和客观记录,并运用所掌握的理论知识对实训现象和结果进行综合分析。

(1)具体要求:书写实训报告应简明扼要、字迹清楚、无错别字及正确使用标点符号。对实训过程中的一切现象要如实记录,客观描写,一切原始数据和运算过程均应写在报告上。

(2)基本内容:实训报告包括姓名、班级、实训名称、实训日期(年、月、日)、实训目的、实训原理、实训操作的主要步骤、实训结果、结果分析、注意事项、思考题等。

在书写实训报告时,描述实训原理应简明扼要,可用文字叙述,也可用化学反应式或结构式表达。实训步骤应按当时实际操作顺序进行描述,方式可灵活多样,但要具体、一目了然,也可用自行设计的表格来表达,避免长篇抄录。仔细观察和记录实训中出现的各种现象及数据,列出公式加以计算,得出结果。注意正确使用各种计量单位。实训结果是实训报告中最重要的部分,对于实训结果的表达。可用简练的文字描述,也可用表格,还可用各种曲线图。在优秀的实训报告中,三者常常并用,以达到最佳的效果。应探讨实训中遇见的问题和思考题,提出自己的见解,并对自己的实训质量做出评价。

蛋白质及氨基酸的显色反应

(1)掌握几种常用鉴定蛋白质和氨基酸的方法。

(2)了解蛋白质和某些氨基酸的特殊颜色反应及其原理。

对蛋白质及氨基酸的双缩脲反应、茚三酮反应、黄色反应、乙醛酸反应、偶氮反应、醋酸铅反应等颜色及沉淀反应进行定性确定。

一、双缩脲反应

当尿素加热到180℃左右时,两个分子的尿素缩合可放出一个分子氨后形成双缩脲,双缩脲在碱性溶液中与铜离子结合生成复杂的红色化合物,此呈色反应称为双缩脲反应。因蛋白质分子中含有多个肽键,其结构与双缩脲相似,故能呈此反应,而形成紫红色或蓝紫色的化合物。此反应常用作蛋白质的定性或定量的测定。

(1)护士准备:熟悉实训内容,衣帽整洁。

(2)仪器和设备:酒精灯1个、火柴1盒、试管若干支、试管架1个、试管夹1个、石蕊试纸1本、各种规格吸管各2支。

(3)试剂:①尿素;②10% NaOH 溶液;③1% $CuSO_4$溶液;④蛋白质溶液——将鸡蛋清用蒸馏水稀释10~20倍,3层纱布过滤,滤液冷藏备用。

(1)取少许结晶尿素放在干燥试管,微火加热,则尿素开始熔化,并形成双缩脲,释放的氨可用湿润的红色石蕊试纸鉴定。待熔融的尿素开始硬化,试管内有白色固体出现,停止加热,让试管缓慢冷却。然后加 10% NaOH 溶液 1ml 和 1% $CuSO_4$ 2 ~3 滴,混匀后观察颜色的变化。

(2)另取一试管,加蛋白质溶液 1ml、10% NaOH 溶液 2ml 及 1% $CuSO_4$ 2 ~3 滴,振荡后将出现的紫红色与双缩脲反应所产生的颜色相对比。

二、茚三酮反应

除脯氨酸和羟脯氨酸与茚三酮作用生成黄色物质外,所有 α-氨基酸与茚三酮发生反应生成紫红色物质,最终形成蓝紫色化合物。

1∶1500000 浓度的氨基酸水溶液即能发生反应而显色。反应的适宜 pH 值为 5 ~7。此反应目前广泛地应用于氨基酸定量测定。

(1)护士准备:熟悉实训内容,衣帽整洁。

(2)仪器和设备:试管若干支、试管架 1 个、试管夹 1 个、热水浴 1 个、各种规格吸管各 2 支。

(3)试剂:①蛋白质溶液——将鸡蛋清用蒸馏水稀释 10 ~20 倍,3 层纱布过滤,滤液冷藏备用;②0.5% 甘氨酸;③0.5% 茚三酮水溶液。

取 2 支试管分别加入蛋白质溶液和甘氨酸溶液各 1ml,再各加 0.5ml 0.1% 茚三酮水溶液,混匀,在沸水浴加热 2 ~3 分钟,观察颜色变化。

三、蛋白黄色反应

蛋白质分子中含有苯环结构的氨基酸,如酪氨酸、色氨酸、苯丙氨酸等,这类蛋白质可被浓硝酸硝化生成黄色的硝基苯的衍生物。该物质在酸性环境中呈黄色,在碱性环境中转变为橙

黄色的硝醌酸钠。绝大多数蛋白质都含有芳香族氨基酸,因此都有黄色反应。皮肤、毛发、指甲等遇浓 HNO_3 变黄即发生此类黄色反应结果。

(1)护士准备:熟悉实训内容,衣帽整洁。

(2)仪器和设备:热水浴1个、试管架1个、试管夹1个、试管若干支、酒精灯1个、火柴1盒、铁架台1个、各种规格吸管各2支、剪刀1把。

(3)试剂:①蛋白质溶液——将鸡蛋清用蒸馏水稀释10~20倍,3层纱布过滤,滤液冷藏备用;②头发;③指甲屑;④0.5%苯酚溶液;⑤0.3%酪氨酸溶液;⑥10% NaOH溶液;⑦浓硝酸($\rho = 1.42g/ml$)。

取5支试管编号后分别按下表1-1所示加入试剂,观察各管出现的现象,若有反应慢者可放置微火(或水浴中)加热,待各管均先后出现黄色后,于室温逐滴加入10% NaOH溶液直至碱性,观察颜色变化。

表1-1 蛋白黄色反应的试剂添加

操作及结果观察	试管1	试管2	试管3	试管4	试管5
材料加入	蛋白质溶液 (4滴)	指甲屑 (少许)	头发 (少许)	苯酚 (4滴)	酪氨酸 (4滴)
浓硝酸	2滴	2ml	2ml	4滴	2滴
现象					

注:向蛋白质溶液中加浓硝酸时,所出现的白色沉淀是强酸使蛋白质发生变性所致。

四、乙醛酸反应

含有吲哚基的色氨酸在浓硫酸存在下与乙醛酸(CHOCOOH)缩合,形成与靛蓝相似的物质。此反应机制尚不清楚,可能是由一分子乙醛酸与两分子色氨酸脱水缩合而成的。含有色氨酸的蛋白质也有此反应。

(1)护士准备:熟悉实训内容,衣帽整洁。

(2)仪器和设备:热水浴 1 个、试管架 1 个、试管夹 1 个、试管若干支、各种规格吸管各 2 支。

(3)试剂:①蛋白质溶液——将鸡蛋清用蒸馏水稀释 10 ~ 20 倍,3 层纱布过滤,滤液冷藏备用;②0.03% 色氨酸溶液;③冰醋酸(一般含有乙醛酸杂质,故可用冰醋酸代替乙醛酸);④浓硫酸(分析纯)。

取 2 支试管,分别加入蛋白质溶液及色氨酸各 2 滴,再加浓冰醋酸 1 ~ 2ml,混匀,倾斜试管慢慢地沿管各加浓硫酸 1ml,使之两相重叠,静置 5 分钟后则两相界面处出现紫红色环,若效果不明显可在水浴加热。

五、偶氮反应

偶氮化合物与酚核或咪唑环结合产生有色物质,酪氨酸和组氨酸与之反应则应产物分别为橙红色和樱红色。含有酪氨酸和组氨酸的蛋白质也有此反应。应当指出,组胺、酪胺、肾上腺素和胆色素分子也能发生此反应而显色。

(1)护士准备:熟悉实训内容,衣帽整洁。

(2)仪器和设备:热水浴 1 个、试管架 1 个、试管夹 1 个、试管若干支、各种规格吸管各 2 支。

(3)试剂:①蛋白质溶液——将鸡蛋清用蒸馏水稀释 10 ~ 20 倍,3 层纱布过滤,滤液冷藏备用;②0.3% 组氨酸溶液;③0.3% 酪氨酸溶液;④20% NaOH 溶液;⑤重氮试剂——溶液 A,5g 亚硝酸钠溶于 1000ml 水中;溶液 B,溶解 5g α-氨基苯磺酸于 1000ml 水中,溶解后再加入 5ml 浓硫酸。A、B 液分别存在密闭瓶中,用时以等体积混合。

取 3 支试管,分别加入 0.3% 组氨酸、酪氨酸、蛋白质溶液各 4 ~ 5 滴,再分别加重氮试剂

A、B 各 10 滴，振摇，混匀，然后向 3 支试管分别加入 20% NaOH 溶液 2～3 滴，观察各试管中有色物质的生成，若水浴加热效果更明显。

六、醋酸铅反应

多数蛋白质分子中常有含硫的氨基酸，如半胱氨酸和胱氨酸，含硫蛋白质在强碱作用下可分解产生硫化钠。硫化钠与醋酸铅反应生成黑色的硫化铅沉淀，若加入浓盐酸则有硫化氢气体产生。

(1)护士准备：熟悉实训内容，衣帽整洁。

(2)仪器和设备：酒精灯 1 个、铁架台 1 个、试管架 1 个、试管夹 1 个、试管若干支、各种规格吸管各 2 支。

(3)试剂：①未稀释的鸡蛋清；②10% NaOH 溶液；③1.5% $Pb(Ac)_2$溶液(醋酸铅溶液)；④浓盐酸；⑤醋酸铅试纸(将滤纸条浸入醋酸铅溶液中，湿透后取出，100℃烘干即可)。

向试管中先加入 1.5% $Pb(Ac)_2$溶液约 1ml，再慢慢滴加 10% NaOH 溶液，边加边振摇，直到产生的沉淀溶解为止。此时再向试管内加蛋白质溶液 5～6 滴，混匀。置酒精灯上加热 1 分钟，溶液变黑，小心加入浓盐酸约 2ml，黑色褪去，嗅其味，将湿润醋酸铅试纸置于管口，观察其颜色的变化。

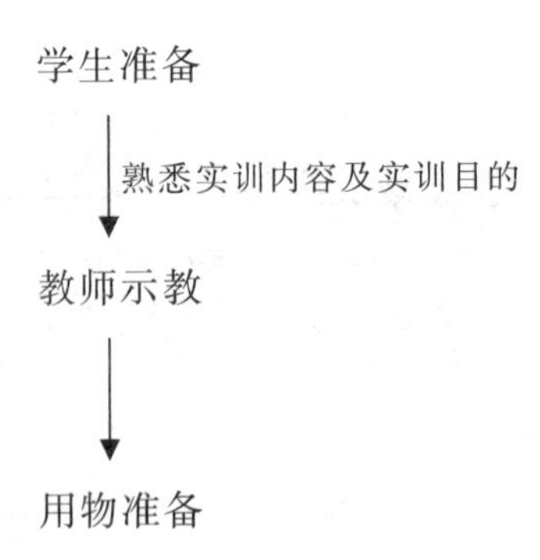

↓ 不同实训准备不同用物,详见内容

实训操作(按不同实训的操作步骤操作)

↓ 详见操作内容

结果判断

↓ 不同实训有不同的颜色改变

学生自己操作

↓

根据学生操作步骤和结果进行评价

详见实训评分标准。

实训一　蛋白质及氨基酸的显色反应考核参考标准

项目	要求	量分	得分
用物准备	选自六项试验中任意一项 仪器和设备:酒精灯 1 个、铁架台 1 个、试管架 1 个、试管夹 1 个、试管若干支、各种规格吸管各 2 支(缺一种扣 1 分) 试剂:根据不同实训而选用(缺一种扣 1 分)	10	
实训操作	选择六项试验中的一项 按其操作步骤进行(每做错一步扣 3 分) 提问实训原理(根据回答情况适当扣分)	70	
熟练程度	操作时间 40 分钟 动作轻巧、准确	5 5	
职业规范行为	(1)服装、鞋帽整洁 (2)仪表大方、举止端庄 (3)态度和蔼	4 3 3	

书写实训报告。

实训一　蛋白质及氨基酸的显色反应实训报告

姓名		实训日期		学号	
班级		带教老师		评分	

【实训目的】

【实训原理】

【实训步骤】

【实训结果及分析】

教师签名：

批阅时间：

血清蛋白的醋酸纤维薄膜电泳

实训目的

(1)掌握醋酸纤维素薄膜电泳的基本原理及操作过程。

(2)熟悉血清中各种蛋白质相对含量的测定原理和方法,分光光度计的工作原理及使用方法。

(3)了解血清蛋白质的各种成分。

实训原理

(1)电泳的基本原理:电泳是指带电颗粒在电场的作用下发生迁移的过程。许多重要的生物分子,如氨基酸、多肽、蛋白质、核苷酸、核酸等都具有可电离基团,它们在某个特定的 pH 值下可以带正电或负电,在电场的作用下,这些带电分子会向着与其所带电荷极性相反的电极方向移动。电泳技术就是利用在电场的作用下,由于待分离样品中各种分子带电性质以及分子本身大小、形状等性质的差异,使带电分子产生不同的迁移速度,从而对样品进行分离、鉴定或提纯的技术。电泳过程必须在一种支持介质中进行。自由界面电泳没有固定支持介质,所以扩散和对流都比较强,影响分离效果。于是出现了固定支持介质的电泳,样品在固定的介质中进行电泳过程,减少了扩散和对流等干扰作用。最初的支持介质是滤纸和醋酸纤维素膜。因为 pH 值的改变会引起带电分子电荷的改变,进而影响其电泳迁移的速度,所以电泳过程应在适当的缓冲液中进行,缓冲液可以保持待分离物的带电性质的稳定。

(2)醋酸纤维素薄膜:醋酸纤维素是纤维素的羟基乙酰化所形成的纤维素醋酸酯,将它溶于有机溶剂(如丙酮、氯仿、氯乙烯、乙酸乙酯等)后,涂抹成均匀的薄膜,待溶剂蒸发后则成为醋酸纤维素薄膜。该膜具有均一的泡沫状的结构,厚度约为 120μm,有很强的通透性,对分子移动阻力很小。本实训采用醋酸纤维素薄膜作为介质。

(3)蛋白质:蛋白质是由氨基酸组成的,其分子中除两端的游离氨基和羧基外,侧链中尚有一些解离基,作为带电颗粒它可以在电场中移动,移动方向取决于蛋白质分子所带的电荷。蛋白质颗粒在溶液中所带的电荷,既取决于其分子组成中碱性和酸性氨基酸的含量,又受所处溶液的 pH 值影响。当蛋白质溶液处于某一 pH 值时,蛋白质游离成正、负离子的趋势相等,即成为兼性离子,此时溶液的 pH 值称为蛋白质的等电点。处于等电点的蛋白质颗粒,在电场中并不移动。蛋白质溶液的 pH 值大于等电点,该蛋白质颗粒带负电荷,反之则带正电荷。各种蛋白质分子由于所含的碱性氨基酸和酸性氨基酸的数目不同,因而有各自的等电点。凡碱性氨基酸含量较多的蛋白质,等电点就偏碱性。反之,凡酸性氨基酸含量较多的蛋白质,等电点就偏酸性。蛋白质是两性电解质。在 pH 值小于其等电点的溶液中,蛋白质为正离子,在电场中向阴极移动;在 pH 值大于其等电点的溶液中,蛋白质为负离子,在电场中向阳极移动。血清中含有数种蛋白质,它们所具有的可解离基团不同,在同一 pH 值的溶液中,所带净电荷不同,故可利用电泳法将它们分离。血清中含有白蛋白、α-球蛋白、β-球蛋白、γ-球蛋白等,各种蛋白质因氨基酸组成、立体构象、相对分子质量、等电点及形状不同,故在电场中迁移速度不同。由表 2-1 可知,血清中 5 种蛋白质的等电点大部分低于 pH 值 7.0,所以在 pH 值 8.6 的缓冲液中,它们都电离成负离子,在电场中向阳极移动。

表 2-1　不同蛋白质的等电点和相对分子质量

蛋白质名称	等电点(PI)	相对分子质量
白蛋白	4.88	69000
α_1-球蛋白	5.06	200000
α_2-球蛋白	5.06	300000
β-球蛋白	5.12	90000 ~ 150000
γ-球蛋白	6.85 ~ 7.50	156000 ~ 300000

因此,本实训采用 pH 值为 8.6 的巴比妥-巴比妥钠溶液作为电泳的缓冲溶液。

(4)分光光度计的工作原理:溶液中的物质在光的照射激发下,产生了对光吸收的效应,物质对光的吸收是具有选择性的,各种不同的物质都具有其各自的吸收光谱,因此当某单色光通过溶液时,其能量就会被吸收而减弱,光能量减弱的程度和物质的浓度有一定的比例关系,也即符合于比色原理——比耳定律。当入射光,吸光系数和溶液液层厚度不变时,透光率或吸光度只随溶液浓度变化而变化。把透过滤液的光经过测光系统中的光电转化器,将光能转化为电能,就可以在测光系统的指示器上显示出相应的吸光度和透光率。

在一定范围内,蛋白质的含量与结合的染料量成正比,将蛋白质区带剪下,分别用 0.4mol/L NaOH 溶液浸洗下来,进行比色,测定其相对含量。也可以将染色后的薄膜直接用光密度计扫描,测定其相对含量。本实训采用分光光度计测定各种蛋白质含量。

(1)护士准备:熟悉实训内容,衣帽整洁。

(2)仪器和设备:电泳仪、点样器、分光光度计、剪刀、滤纸、镊子、培养皿、试管架、试管、洗耳球、吸量管、玻璃板。

(3)试剂:①巴比妥缓冲液(pH 值 8.6,离子强度 0.06)——称取巴比妥 1.66g 和巴比妥钠 12.76g,溶于少量蒸馏水中,定容至 1000ml。②染色液——称取氨基黑 10B 0.5g,加入蒸馏水 40ml、甲醇 50ml 和冰醋酸 10ml,混匀,保存备用。③漂洗液——量取 95% 乙醇 45ml,冰醋酸 5ml 和蒸馏水 50ml，混匀，保存备用。④NaOH 溶液(0.4mol/L)——称取 NaOH 16g，用少量蒸馏水溶解后定容至 1000ml。

(1)浸泡醋酸纤维素薄膜：选择质匀、孔细的醋酸纤维薄膜，在无光泽面的一端 1.5cm 处，用铅笔轻画一线作为加样线并编号(图 2-1)，然后置于装有 pH 值 8.6 的巴比妥缓冲液中，并使之完全浸没，选取在 15～30 秒钟内迅速润湿且表面无斑点的醋酸纤维素薄膜，浸泡约 30 分钟。

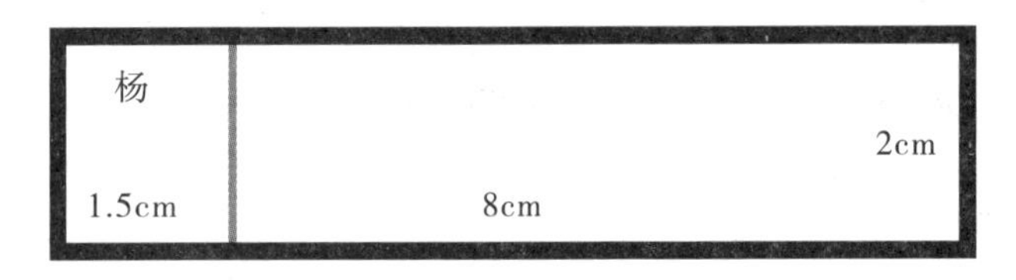

图 2-1　加样线图示

(2)点样：用镊子从缓冲液中取出醋酸纤维薄膜置洁净的滤纸上吸去多余的水分，使醋酸纤维薄膜既保持湿润状态又无明显的水分，注意不能吸得太干，以免影响导电，导致电泳图谱有条痕，亦不能留存过多的缓冲液，以避免点样时血清随着缓冲液而扩散开来，导致电泳图谱分离不齐。

将醋酸纤维薄膜置于洁净的滤纸上，无光泽面向上。用毛细吸管吸取约 5μl 血清，均匀涂抹于点样器上，然后垂直印在点样线上，停留 2～3 秒钟待血清完全渗入后移开，形成一条粗细宽窄一致的血清线。注意点样时不能太过用力。

(3)电泳：将点样好的薄膜用镊子迅速平贴在电泳槽的滤纸桥上，并使点样端贴在阴极上，无光泽面向下。为了使膜条与电场平行，还应把膜条与电极之间压严(不允许有气泡)，使膜条绷直，中间不下垂。放好后盖好电泳槽盖，平衡 10 分钟后通电，电压可选择 90V 左右，电泳 1 小时左右。然后关闭电源。在电泳过程中注意观察电压的变化。

(4)染色与漂洗：将电泳好的薄膜取出，直接放入染色液中浸泡约 5 分钟。染色过程中可以轻轻抖动培养皿以使染色更加充分、均匀。注意不要让薄膜重叠。染色完毕后，用镊子取出薄膜并立即浸泡于漂洗液中，每十分钟更换一次漂洗液，漂洗 2～3 次，背景漂洗净后用滤纸吸干薄膜。漂洗过程中可用镊子夹住薄膜轻轻抖动。漂洗完毕后可看到 5 条清晰的蛋白质带(图 2-2)。

图 2-2　蛋白质带

从正极到负极依次是白蛋白、α_1-球蛋白、α_2-球蛋白、β-球蛋白、γ-球蛋白

(5)洗脱法测定各种蛋白质的相对含量(选做)：挑选所得薄膜中蛋白质区带分离最清晰

的薄膜，用剪刀小心剪开5条蛋白质带，另于点样线以下剪一大小与色带相仿的薄膜作为空白对照组。取6支试管，编号。将所得的蛋白质带和无色薄膜分别放入6支试管中，用吸量管吸取4ml 0.4mol/L NaOH 溶液分别加入到每支试管中。在37℃恒温水浴锅中保温约30分钟，并不时振荡，直至薄膜带上的蓝色全部脱下。选择波长750nm进行比色。以空白对照组调零，分别读出各个蛋白组分的吸光度。

吸光度总和：$T = OD_{清蛋白(A)} + OD_{\alpha 1} + OD_{\alpha 2} + OD_{\beta} + OD_{\gamma}$。

各组分蛋白质的百分数为：

清蛋白 $A = OD_{清蛋白(A)}/T \times 100\%$；

α_1-球蛋白 $= OD_{\alpha 1}/T \times 100\%$；

α_2-球蛋白 $= OD_{\alpha 2}/T \times 100\%$；

β-球蛋白 $= OD_{\beta}/T \times 100\%$；

γ-球蛋白 $= OD_{\gamma}/T \times 100\%$。

(1)实训中所用的巴比妥缓冲液为神经毒剂，染色液与漂洗液也都有毒性，所以在做实训时一定要戴手套。

(2)点样是否成功关系到电泳结果，所以点样时应严格遵循操作步骤，并事先在滤纸上反复练习之后再点样。

(3)电泳时还应注意电流不能过大，每条带以0.4～0.6mA/cm为宜。

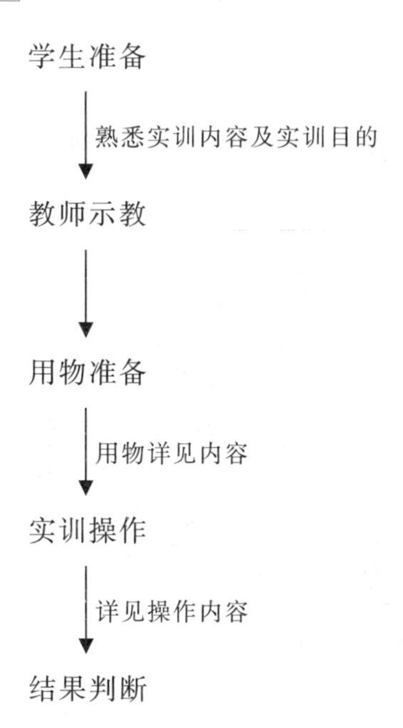

学生自己操作

根据学生操作步骤和结果进行评价

血浆蛋白是血浆中最主要的固体成分，含量为60～80g/L，绝大部分由肝脏合成，仅γ-球蛋白由浆细胞合成，当肝脏有病变时其含量降低，用此来判断肝、肾病变。

正常参考值：白蛋白57%～72%；α_1-球蛋白2%～5%；α_2-球蛋白4%～9%；β-球蛋白6.5%～12%；γ-球蛋白12%～20%。

肝炎：白蛋白、α_1-球蛋白、α_2-球蛋白、β-球蛋白下降，γ-球蛋白升高。

肝硬化：白蛋白、α_1-球蛋白、α_2-球蛋白下降明显，γ-球蛋白极度升高。

肾病综合征：白蛋白降低，α_2-球蛋白和β-球蛋白升高。

详见实训评分标准。

实训二　血清蛋白的醋酸纤维薄膜电泳考核参考标准

项目	要求	量分	得分
用物准备	仪器和设备：电泳仪、点样器、分光光度计、剪刀、滤纸、镊子、培养皿、试管架、试管、洗耳球、吸量管、玻璃板（缺一种扣1分） 试剂：巴比妥缓冲液、染色液、漂洗液、NaOH溶液（0.4mol/L）（缺一种扣1分）	16	
实训操作	（1）浸泡醋酸纤维素薄膜 （2）点样 （3）电泳 （4）染色与漂洗 （5）洗脱法测定各种蛋白质的相对含量 提问实训原理、注意事项、临床意义（根据回答情况适当扣分）	64	
熟练程度	操作时间40分钟 动作轻巧、准确	5 5	
职业规范行为	（1）服装、鞋帽整洁 （2）仪表大方、举止端庄 （3）态度和蔼	4 3 3	

(1)书写实训报告。

(2)思考题:

1)简述电泳过程区分5条蛋白带的过程。

2)实训过程中控制电压在一定范围内,若电压过小或过大会对电泳结果产生什么样的影响?

实训二　血清蛋白的醋酸纤维薄膜电泳实训报告

姓名		实训日期		学号	
班级		带教老师		评分	

【实训目的】

【实训原理】

【实训步骤】

【实训结果及分析】

【临床意义】

教师签名：

批阅时间：

实训三 酶的特性

(1)进一步学习和了解酶的性质。

(2)学会检查酶的性质的原理和方法。

(3)通过本实训了解酶催化的特异性、温度对酶活力的影响、pH 对酶活力的影响、激活剂和抑制剂对酶活力的影响,对于进一步掌握代谢反应及其调控机制具有十分重要的意义。

本实训由酶的专一性实训、温度对酶活力的影响、pH 对酶活力的影响、激活剂和抑制剂对酶活力的影响 4 个小实训组成。

一、酶的专一性

本实训以唾液淀粉酶对淀粉和蔗糖的作用为例,来说明酶的专一性。淀粉和蔗糖无还原性,唾液淀粉酶水解淀粉生成有还原性二糖的麦芽糖,但不能催化蔗糖的水解。用班氏试剂检查糖的还原性。班氏试剂为碱性硫酸铜,能氧化具还原性的糖,生成砖红色沉淀氧化亚铜。

(1)护士准备:熟悉实训内容,衣帽整洁。

(2)材料:新鲜配制的唾液及其稀释液。

(3)仪器和设备:恒温水浴 1 个、沸水浴 1 个、试管若干、试管架 1 个、试管夹 1 个。

(4)试剂:①2% 蔗糖溶液;②溶于 0.3% NaCl 的 0.5% 淀粉溶液;③班氏试剂。

1. 稀释唾液的制备

(1)唾液的获取:用一次性杯取一定量的饮用水,漱口以清洁口腔,然后在嘴中含 10~20ml 饮用水,轻漱 2 分钟左右,即可获得唾液的原液,内含唾液淀粉酶。

(2)不同稀释度唾液的制备(用大试管):本实训需制备 1:1、1:5、1:20、1:50、1:200 5 个不同浓度的稀释唾液。

举例说明:1:5指的是稀释了 5 倍的唾液,制备方法为 1 份原液 +4 份蒸馏水。1:20 指的是稀释了 20 倍的唾液,制备方法为 1 份 1:5的稀释液 +3 份蒸馏水。

(3)唾液淀粉酶最佳稀释度的确定(严格按表 3-1 添加顺序做实训,用小试管做实训)。

表 3-1 唾液淀粉酶稀释度的确定

操作及结果记录	试管 1(1:1)	试管 2(1:5)	试管 3(1:20)	试管 4(1:50)	试管 5(1:200)
0.5% 淀粉溶液(滴)	4	4	4	4	4
稀释唾液(ml)	1	1	1	1	1
37℃恒温水浴中保温 5 分钟					
班氏试剂(ml)	1	1	1	1	1
沸水浴 2~3 分钟					
实训结果					

2. 淀粉酶的专一性

根据表 3-2 进行淀粉酶专一性的试验。

表 3-2 淀粉酶的专一性试验

操作及结果记录	试管 1	试管 2	试管 3	试管 4	试管 5	试管 6
0.5% 淀粉溶液(滴)	4	—	4	—	4	—
2% 蔗糖溶液(滴)	—	4	—	4	—	4
最佳稀释度唾液(ml)	—	—	1	1	—	—
煮沸过的最佳稀释度唾液(ml)	—	—	—	—	1	1
蒸馏水(ml)	1	1	—	—	—	—
37℃恒温水浴中保温 5 分钟						
班氏试剂(ml)	1	1	1	1	1	1
沸水浴 2~3 分钟						
实训结果						

二、温度对酶活力的影响

酶的催化作用受温度的影响。在最适温度下，酶的反应速度最高。淀粉和可溶性淀粉遇碘呈蓝色，糊精按其分子的大小，遇碘可呈蓝色、紫色、暗褐色或红色。最简单的糊精遇碘不呈颜色，麦芽糖遇碘也不呈色，在不同温度下，淀粉被唾液淀粉酶水的程度可由水解混合物遇碘呈现的颜色来判断。

(1)护士准备：熟悉实训内容，衣帽整洁。

(2)材料：新鲜配制的唾液及其稀释液。

(3)仪器和设备：试管若干支、试管架 1 个、恒温水浴 1 个、冰浴 1 个、沸水浴 1 个。

(4)试剂：①溶于 0.3% NaCl 的 0.5% 淀粉溶液；②$KI - I_2$碘溶液。

取 4 支干燥的试管，编号后按表 3－3 加入试剂。

表 3－3　温度对酶活力影响的加样顺序

操作及结果记录	试管 1	试管 2	试管 3
0.5% 淀粉溶液(ml)	1.5	1.5	1.5
最佳稀释度唾液(ml)	1	1	
煮沸过的稀释唾液(ml)			1
实训结果			

摇匀后，将 1、3 号试管放入 37℃ 恒温水浴中，2 号试管放入冰水中。10 分钟后 1、2、3 管均取出(将 2 号内液体分两半)，用 $KI - I_2$溶液来检验 1、2、3 号管内淀粉被唾液淀粉酶水解的程度。记录并解释结果。将 2 号管剩下的一半溶液放入 37℃ 水浴中继续保温 10 分钟后，再用 $KI - I_2$溶液实训，记录实训结果。

三、pH 对酶活力的影响

酶的活力受环境 pH 的影响极为显著。不同酶的最适 pH 值不同。本实训观察 pH 对唾液淀粉酶活性的影响。唾液淀粉酶的最适 pH 值约为 6.8。

(1)护士准备:熟悉实训内容,衣帽整洁。

(2)材料:新配制的溶于 0.3% NaCl 的 0.5% 淀粉溶液。

(3)仪器和设备:试管若干、试管架 1 个、吸管若干、滴管 3 个、恒温水浴 1 个。

(4)试剂:①pH 值为 5.0、5.8、6.8、8.0 的缓冲溶液;②$KI-I_2$碘溶液;③pH 试纸。

根据表 3-4 了解 pH 对酶活性的影响。

表 3-4　pH 对酶活性的影响

操作及结果观察	试管 1	试管 2	试管 3	试管 4
pH 值	5	5.8	6.8	8.0
缓冲液(ml)	3	3	3	3
0.5% 淀粉溶液(ml)	1	1	1	1
	向 1 号试管加入稀释唾液后,置于 37℃ 的恒温水浴;等待 1 分钟后向 2 号试管加入稀释唾液,置于 37℃ 的恒温水浴;依次类推			
最佳稀释度的唾液(ml)	1	1	1	1
检查淀粉水解程度	待向 4 号试管加入唾液 2 分钟后,每隔 1 分钟从 3 号管中取出 1 滴反应液于白瓷板上,加碘液检查反应进行情况,直至反应液变为淡棕黄色(颜色有点淡即可),即可从 1 号试管依次添加碘液,时间间隔也为 1 分钟			
碘液(滴)	1~2	1~2	1~2	1~2
现象				

说明:各取缓冲液 3ml,分别注入 4 支带有号码的试管,随后于各个试管中添加 0.5% 淀粉溶液 1ml 和最佳稀释度的唾液 1ml。向各试管中加入稀释唾液的时间间隔为 1 分钟。将各试

管中物质混匀，并依次置于37℃恒温水浴中保温。待向4号试管加入唾液2ml后，每隔1分钟由3号试管取出一滴混合液，置于白瓷板上，加1小滴KI－I_2溶液。添加KI－I_2溶液，检验淀粉的水解程度。待混合变为淡棕黄色（颜色有点淡即可）后，向所有试管依次添加1～2滴KI－I_2溶液。添加滴KI－I_2溶液的时间间隔，从1号试管起，亦均为1分钟。观察各试管中物质呈现的颜色，分析pH对唾液淀粉酶活性的影响。

四、唾液淀粉酶的活化及抑制

酶的活性受活化剂或抑制剂的影响，氯离子为唾液淀粉酶的活化剂，铜离子为其抑制剂。

（1）护士准备：熟悉实训内容，衣帽整洁。
（2）材料：①0.5%淀粉溶液；②最佳稀释度的唾液。
（3）仪器和设备：试管若干支、试管架1个、恒温水浴1个。
（4）试剂：①1% NaCl溶液；②1% $CuSO_4$溶液；③KI－I_2碘溶液；④1% Na_2SO_4溶液。

注意本实训的淀粉溶液为无NaCl的淀粉溶液。
唾液淀粉酶活化及抑制实训按照表3－5操作。

表3－5　唾液淀粉酶的活化及抑制

操作及结果观察	试管1	试管2	试管3	试管4
0.5%淀粉溶液（ml）	1.5	1.5	1.5	1.5
最佳稀释度唾液（ml）	0.5	0.5	0.5	0.5
1% NaCl溶液（ml）	0.5	—	—	—
1% $CuSO_4$溶液（ml）	—	0.5	—	—
1% Na_2SO_4溶液（ml）	—	—	0.5	—
蒸馏水（ml）	—	—	—	0.5
	37℃恒温水浴中保温10分钟			
KI－I_2溶液（滴）	2～3	2～3	2～3	2～3
现象				

各人唾液中淀粉酶活力不同,故本实训需要先做一个唾液淀粉酶稀释度的确定实训,以确定最佳稀释度。

(1)pH、温度、激活剂和抑制剂对酶促反应速度有影响。

(2)唾液淀粉酶的最适 pH 值是6.8。pH 值4.9和 pH 值8.6时,酶的催化功能降低。

(3)高温破坏酶的分子结构,使淀粉酶失去催化功能,且温度降低后也不能恢复酶的活性;低温抑制酶的活性,没破坏其分子结构,但温度升高后可以恢复其酶的活性。

(4)Cu^{2+}是唾液淀粉酶的抑制剂;Cl^{-}是唾液淀粉酶的激活剂;Na^{+}和SO_4^{2-}即不是唾液淀粉酶的抑制剂,也不是唾液淀粉酶的激活剂。

实训流程

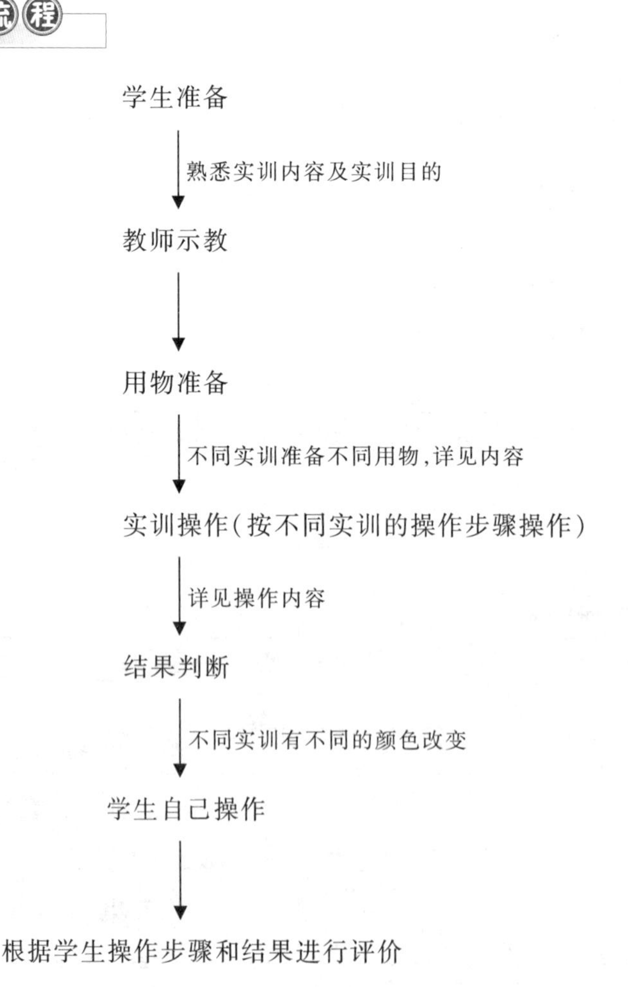

详见实训评分标准。

实训三　酶的特性考核参考标准

项目	要求	量分	得分
用物准备	仪器和设备：恒温水浴1个、沸水浴1个、试管若干、试管架1个、试管夹1个（缺一种扣1分） 试剂：根据不同实训而准备（缺一种扣1分）	15	
实训操作	四个实训中选择一个让学生操作 根据不同实训采用不同操作步骤 提问实训原理、注意事项、临床意义（根据回答情况适当扣分）	65	
熟练程度	操作时间30分钟 动作轻巧、准确	5 5	
职业规范行为	(1)服装、鞋帽整洁 (2)仪表大方、举止端庄 (3)态度和蔼	4 3 3	

(1)书写实训报告。

(2)思考题：

1)何谓酶的最适pH和最适温度？

2)说明底物浓度、酶浓度、温度和pH对酶反应速度的影响。

3)作为一种生物催化剂，酶有哪些催化特点？

实训三　酶的特性实训报告

姓名		实训日期		学号	
班级		带教老师		评分	

【实训目的】

【实训原理】

【实训步骤】

【实训结果及分析】

【临床意义】

教师签名：

批阅时间：

邻甲苯胺法测定血糖

(1)掌握邻甲苯胺法测定血糖的基本原理和方法。

(2)熟悉血糖测定的正常值及临床意义。

(3)了解邻甲苯胺法测定血糖的注意事项。

葡萄糖在热的冰醋酸溶液中,其醛基与邻甲苯胺缩合生成葡萄糖基胺。后者脱水生成蓝绿色的醛亚胺(Schiff)碱,吸收峰在630nm波长,其颜色深浅在一定范围内与葡萄糖的含量成正比。

(1)护士准备:熟悉实训内容,衣帽整洁。

(2)器材和设备:试管若干支、微量吸管若干支、试管架1个、沸水浴1个、分光光度计1个、记号笔1支。

(3)试剂:①邻甲苯胺试剂——称取硫脲2.5g,溶于约750ml冰醋酸中,移入1000ml容量瓶,加入溶解的邻甲苯胺105ml及2.4%硼酸溶液100ml,最后用冰醋酸定容至1000ml,充分混匀,置棕色瓶中室温保存(可存放两个月左右)。新配试剂应放置24小时待"老化"后使用,否则反应产物的吸光度低。此试剂腐蚀性极强,使用时避免接触皮肤。②12mmol/L苯甲酸溶液——称取苯甲酸1.4g溶于900ml蒸馏水中,并加热助溶,冷却后加蒸馏水定容至1000ml。③葡萄糖标准储存液(100mmol/L)——精确称取无水葡萄糖1.802g(预先置80℃烤箱内干燥恒重,移于干燥器内保存),溶解于80ml苯甲酸溶液中,并移入100ml容量瓶内,再以苯甲酸溶液稀释至100ml刻度处,混匀,放置2小时后方可应用。④葡萄糖标准应用液(5mmol/L)——吸取葡萄糖标准储存液5ml,置于100ml容量瓶中,用12mmol/L苯甲酸溶液稀释至刻度,混匀即可。⑤硼酸溶液(0.38mol/L)——称取硼酸24g,溶于800ml蒸馏水中,再用蒸馏水定容至1000ml,混匀即可。

(1)准备血清、血浆、脑脊液等。

(2)取干燥试管3支,编号后按表4-1操作。

表4-1　邻甲苯胺法测定血糖加入顺序

加入物(ml)	空白管(B)	标准管(S)	测定管(U)
蒸馏水	0.1	—	—
葡萄糖标准应用液	—	0.1	—
血清(血浆)	—	—	0.1
邻甲苯胺试剂	3.0	3.0	3.0

混匀后,置沸水浴中,加热12分钟,取出置冷水中冷却3~5分钟。

(3)比色:于分光光度计波长630nm处以空白管调零进行比色,读取标准管与测定管吸光度。

(4)计算:血清葡萄糖(mmol/L)=(测定管吸光值/标准管吸光值)×标准液的浓度。

(5)参考值范围:空腹血清葡萄糖为3.89~6.11mmol/L。

(1)高血糖:空腹血糖浓度>7.2mmol/L即为高血糖。

1)生理性高血糖:高糖饮食、剧烈运动或因情绪紧张肾上腺素分泌增加等。

2)病理性高血糖:一是糖尿病患者,因胰岛素分泌相对不足;二是内分泌功能障碍,如甲状腺功能亢进、肾上腺皮质功能亢进等,引起升高血糖的激素分泌增加;三是颅内压增高,如颅内出血、脑膜炎等,颅内压增高可刺激血糖中枢。

(2)低血糖:空腹血糖浓度<3.9mmol/L即为低血糖。

1)生理性低血糖:见于长期饥饿、剧烈运动等。

2)病理性低血糖:一是胰岛素分泌过多,见于胰岛素B细胞瘤等;二是严重肝病患者,因肝脏储存糖原及糖异生等功能降低,故肝脏不能有效地调节血糖。

学生准备

↓ 熟悉实训内容及实训目的、衣帽整洁

教师示教

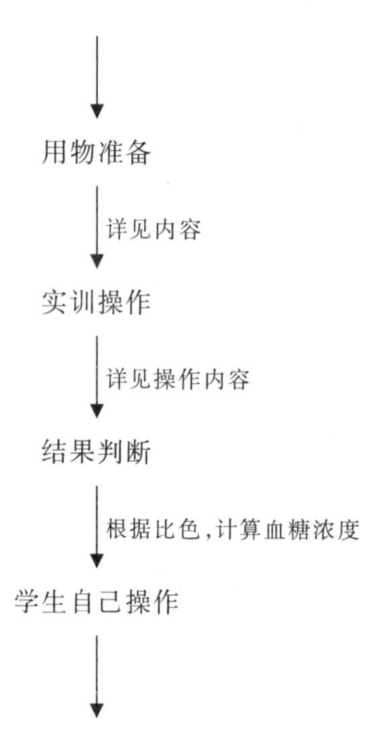

详见实训评分标准。

实训四　邻甲苯胺法测定血糖考核参考标准

项目	要求	量分	得分
用物准备	器材和设备:试管若干支、微量吸管若干支、试管架1个、沸水浴1个、分光光度计1个、记号笔1支(缺一种扣1分) 试剂:邻甲苯胺试剂、12mmol/L苯甲酸溶液、葡萄糖标准储存液、硼酸溶液(缺一种扣1分)	10	
实训操作	(1)准备血清、血浆、脑脊液等 (2)取干燥试管3支,编号加试剂 (3)比色 (4)计算 提问实训原理、注意事项、临床意义(根据回答情况适当扣分)	70	
熟练程度	操作时间40分钟 动作轻巧、准确	5 5	
职业规范行为	(1)服装、鞋帽整洁 (2)仪表大方、举止端庄 (3)态度和蔼	4 3 3	

书写实训报告。

实训四　邻甲苯胺法测定血糖实训报告

姓名		实训日期		学号	
班级		带教老师		评分	

【实训目的】

【实训原理】

【实训步骤】

【实训结果及分析】

【临床意义】

教师签名：

批阅时间：

运动对尿乳酸含量的影响

(1)掌握尿乳酸的测定方法。

(2)熟悉尿乳酸测定方法的实训原理。

(3)了解运动时解运动时尿乳酸水平的影响因素及该指标在运动实践中的应用和意义。

实训原理

乳酸与浓硫酸共热生成乙醛,在铜离子存在时乙醛与对羟基联苯作用生成紫色化合物,其颜色的深浅与乳酸浓度成正比,通过比色测定其含量。

(1)护士准备:熟悉实训内容,衣帽整洁。

(2)仪器和设备:试管若干支、试管架 1 个、试管架 1 个、水浴锅 1 个、721 分光光度计 1 个、离心机 1 台、移液管若干支、酒精灯 1 个、铁架台 1 个、100ml 烧杯 3 个、石棉网 1 个。

(3)试剂:①10% 三氯乙酸;②1% 氰化钠溶液;③浓硫酸;④对羟基联苯试剂;⑤4% 硫酸铜溶液;⑥乳酸空白液;⑦乳酸标准储存液;⑧乳酸标准应用液;⑨1% 氟化钠(NaF)溶液;⑩蒸馏水。

实训步骤

(1)4% 硫酸铜($CuSO_4 \cdot 5H_2O$)溶液制备:取硫酸铜 4g,加蒸馏水 50ml,可加热助溶后冷却,加蒸馏水稀释至 100ml 均匀备用。

(2)乳酸标准储备液(0. 05mg/ml)制备:取无水乳酸锂 106. 5mg,溶于 10ml 蒸馏水中,加浓硫酸 2 滴,移至 100ml 容量瓶中,蒸馏水稀释至刻度,均匀。此液含乳酸 1mg/ml,置于冰箱中可长期保存待用。

(3)乳酸标准应用液(0.05mg/ml)制备:临时称取标准储备液5ml，移至100ml容量瓶中，蒸馏水稀释至刻度备用。

(4)1.5%对羟基联苯:称取对羟基联苯1.5g，溶于10ml 5%的氢氧化钠溶液中,加热约80℃助溶后冷却,加蒸馏水稀释至100ml,储存于棕色瓶中备用。

(5)运动方式和取尿方式:受试者进行1分钟原地高抬腿跑,在运动前、运动后3分钟分别留取尿液50ml,分别吸取20μl,吹入预先存有0.48ml 1% NaF溶液的两个离心试管中,立即摇匀。每个试管再加入1.5ml的10%三氯乙酸溶液,混匀,以3500转/分的速度离心5分钟,取上清液,弃沉淀。

(6)制备无蛋白尿滤液:取2支离心管,按表5-1操作,教师演示示范操作,并提示操作过程中可能出现的错误。

表5-1 无蛋白尿滤液的制备

步骤	测定管1(运动前)	测定管2(运动后)
1% NaF(ml)	0.48	0.48
耳垂血	0.02	0.02
10%三氯乙酸	1.5	1.5

混匀,离心(3500转/分×5分钟),取上清液分别倒入做好标记的两个离心管中,备用。

(7)测定尿乳酸步骤:见表5-2。

表5-2 尿乳酸的测定步骤

样品或试剂	空白管	测管1	测管2	测管3
空白液(ml)	0.5	—	—	—
标准应用液(0.01mg/ml)	—	—	—	0.5
上清液 (ml)	—	0.5	0.5	—
4%硫酸铜溶液	1滴	1滴	1滴	1滴
浓硫酸 (ml)	3.0	3.0	3.0	3.0
沸水浴5分钟,在冰水中冷却				
对羟基联二苯	2滴	2滴	2滴	2滴

混匀,37℃水浴保温15分钟,每5分钟振摇一次;100℃沸水浴90秒钟,用冷水冷却至室温;倒入1cm光径比色皿,空白管调零,560nm波长比色。

(8)实训结果计算:

1)重量浓度:尿乳酸浓度(mg%)= $OD_{测}/OD_{标}$ ×100(mg%);

2)摩尔浓度:尿乳酸浓度(mmol/L)=尿乳酸浓度(mg%)÷9。

(1)水浴保温时温度和时间一定要准确。

(2)滴加对羟基联苯时防止其附着于试管壁上,并充分摇匀。

(3)滴加浓硫酸时,要边加边振荡,滴加速度要慢,防止产生的乙醛挥发。

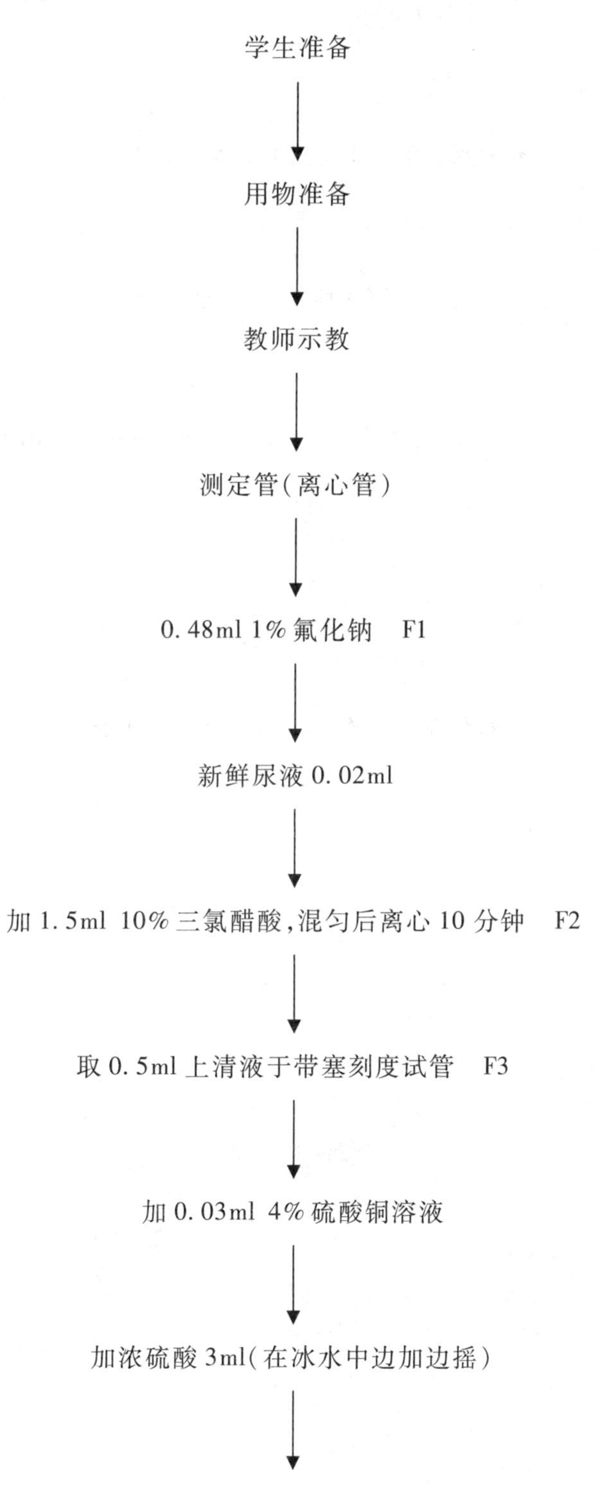

沸水浴5分钟,然后冰水浴中冷却至15℃以下

↓

加0.05ml对羟基联苯,摇匀

↓

37℃水浴保温15分钟,每5分钟摇一次

↓

沸水浴90秒钟,冷却至室温

↓

560nm比色,空白管调零读取胜测定管光密度值(OD值)

↓

学生操作

↓

根据学生操作步骤和结果进行评价

详见实训评分标准。

实训五　运动对尿乳酸含量的影响考核参考标准

项目	要求	量分	得分
用物准备	仪器和设备:试管若干支、试管架1个、试管架1个、水浴锅1个、721分光光度计1个、离心机1台、移液管若干支、酒精灯1个、铁架台1个、100ml烧杯3个、石棉网1个(缺一种扣1分) 试剂:10%三氯乙酸、1%氰化钠溶液、浓硫酸、对羟基联苯试剂、4%硫酸铜溶液、乳酸空白液、乳酸标准储存液、乳酸标准应用液、1%氟化钠(NaF)溶液、蒸馏水（缺一种扣1分）	21	
实训操作	(1)测定管(离心管)加0.48ml 1%氟化钠 (2)新鲜尿液0.02ml加1.5ml 10%三氯醋酸,混匀后离心10分钟 (3)取0.5ml上清液于带塞刻度试管加0.03ml 4%硫酸铜溶液,加浓硫酸3ml(在冰水中边加边摇) (4)沸水浴5分钟,然后冰水浴中冷却至15℃以下,加0.05ml对羟基联苯,摇匀 (4)沸水浴5分钟,然后冰水浴中冷却至15℃以下,加0.05ml对羟基联苯,摇匀 (5)37℃水浴保温15分钟,每5分钟摇一次,沸水浴90秒钟,冷却至室温 (6)560nm比色,空白管调零读取胜测定管光密度值(OD值) (7)计算 提问实训原理、注意事项(根据回答情况适当扣分)	59	
熟练程度	操作时间40分钟 动作轻巧、准确	5 5	
职业规范行为	(1)服装、鞋帽整洁 (2)仪表大方、举止端庄 (3)态度和蔼	4 3 3	

书写实训报告。

实训五　运动对尿乳酸含量的影响实训报告

姓名		实训日期		学号	
班级		带教老师		评分	

【实训目的】

【实训原理】

【实训步骤】

【实训结果及分析】

【临床意义】

教师签名：

批阅时间：

酮体的生成和利用

(1)掌握酮体的生成、利用和生理意义。

(2)熟悉组织匀浆的制备方法。

本实训用丁酸作为底物,与新鲜肝匀浆一起保温,利用肝组织中酮体合成的全套酶系,催化丁酸合成酮体,根据酮体中的乙酰乙酸与丙酮可与含有硝普钠(亚硝基铁氰化钠)的显色粉作用,生成紫红色化合物,从而鉴定酮体的存在。但是,经同样处理的肌匀浆,则不产生酮体,与显色粉作用无颜色出现。

(1)护士准备:熟悉实训内容,衣帽整洁。

(2)仪器和设备:试管若干支、试管架 1 个、滴管 1 支、白瓷反应板 1 块、37 ℃水浴箱 1 个、小匙 1 个、解剖器材 1 套。

(3)试剂:①0.9% NaCl 溶液;②洛克溶液(Locke)——氯化钠 0.9g、氯化钾 0.042g、氯化钙 0.024g、碳酸氢钠 0.02g、葡萄糖 0.1g,将上述各试剂放入烧杯中加蒸馏水 100ml,溶解后混匀,置冰箱中保存备用;③0.5mol/L 丁酸溶液——取丁酸 44.0g 溶于 0.1mol/L 氢氧化钠溶液中,溶解后用 0.1mol/L 氢氧化稀释至 1000ml;④pH 值 7.6 磷酸缓冲液——准确称取 $Na_2HPO_4 \cdot 2H_2O$ 7.74g 和 $NaH_2PO_4 \cdot H_2O$ 0.897g,用蒸馏水稀释至 500ml,pH 值调整为 7.6;⑤15% 三氯醋酸溶液;⑥显色粉——硝普钠(亚硝基铁氰化钠)1g,无水碳酸钠 30g,硫酸铵 50g,混合后研碎。

(1)肝匀浆和肌匀浆的制备:取小鼠 1 只,断头处死,迅速剖腹,取出肝和肌肉组织(或取

家兔的肝和肌肉组织），分别放入研钵中，加入生理盐水（按重量：体积＝1:3），研磨成匀浆。

（2）取试管4支，记号后按表6－1操作。

表6－1　肝中酮体的生成

加入物（滴）	1号试管	2号试管	3号试管	4号试管
洛克氏液	15	15	15	15
丁酸溶液	30	—	30	30
磷酸缓冲液	15	15	15	15
肝匀浆	20	20	—	—
肌匀浆	—	—	—	20
蒸馏水	—	30	20	—

（3）将各管摇匀，放置于37℃恒温水浴箱中保温40分钟（每隔10分钟摇动一次试管，可加快反应速度）。

（4）取出各管，分别加入15%三氯醋酸溶液20滴，混匀后用离心机离心5分钟（3000转/分）或用脱脂棉过滤。

（5）取白瓷反应板1块，从上述4管中各取出10滴离心液分别置于反应板的4个凹中，然后向各凹中加入显色粉一小匙（约0.1g），观察并记录每凹所产生的颜色反应。

（1）显色粉系剧毒物质，切勿误入眼或口中。

（2）肝、肌匀浆研磨要均匀，不能有组织块，以免影响结果观察。

血清或尿酮体检测对酮症的诊断、评估病情的严重程度及监测治疗十分有用。酮体还被用作肝移植后肝能量代谢的指标。

学生准备

↓ 熟悉实训内容及实训目的、衣帽整洁

教师示教

↓

用物准备

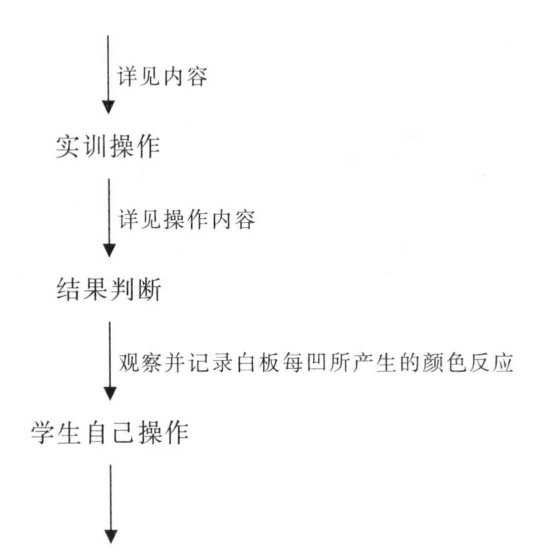

详见实训评分标准。

实训六　酮体的生成和利用考核参考标准

项目	要求	量分	得分
用物准备	仪器和设备:试管若干支、试管架 1 个、滴管 1 支、白瓷反应板 1 块、37℃水浴箱 1 个、小匙 1 个、解剖器材 1 套(缺一种扣 1 分) 试剂:0.9% NaCl 溶液、洛克溶液(Locke)、0.5mol/L 丁酸溶液、pH 值 7.6 磷酸缓冲液、15% 三氯醋酸溶液、显色粉(缺一种扣 1 分)	13	
实训操作	(1)肝匀浆和肌匀浆的制备 (2)取试管 4 支,记号后按表 6 - 1 操作 (3)将各管摇匀加热 (4)取出各管,分别加入 15% 三氯醋酸溶液 20 滴加热 (5)取白瓷反应板显色 提问实训原理、注意事项(根据回答情况适当扣分)	67	
熟练程度	操作时间 40 分钟 动作轻巧、准确	5 5	
职业规范行为	(1)服装、鞋帽整洁 (2)仪表大方、举止端庄 (3)态度和蔼	4 3 3	

书写实训报告。

实训六　酮体的生成和利用实训报告

姓名		实训日期		学号	
班级		带教老师		评分	

【实训目的】

【实训原理】

【实训步骤】

【实训结果及分析】

【临床意义】

教师签名：

批阅时间：

丙氨酸氨基转移酶活性测定

了解转氨酶活性测定的原理、方法及临床意义。

转氨基作用又称氨基转移作用,是氨基酸脱去氨基的一种方式,催化这种反应的酶称为转氨酶或氨基转移酶。

不同氨基酸的转氨基作用由不同的转氨酶催化,催化丙氨酸及α-酮戊二酸之间的氨基转移作用的酶为丙氨酸氨基转移酶(ALT),又称谷丙转氨酶(GPT)。此酶分布较广,活性强,以肝细胞中含量最多,因此当肝细胞有病变时,细胞中的酶释放进入血液,血清中ALT活性增高。血清中ALT活性测定是目前常用的肝功能测定方法之一。

ALT以丙氨酸及α-酮戊二酸为底物,催化它们进行如下反应。

$$\text{丙氨酸} + \alpha\text{-酮戊二酸} \rightleftharpoons \text{丙酮酸} + \text{谷氨酸}$$

$$\text{丙酮酸} + 2,4\text{-二硝基苯肼} \longrightarrow \text{丙酮酸} + 2,4\text{-二硝基苯腙}$$

丙酮酸可与2,4-二硝基苯肼生成丙酮酸与2,4-二硝基苯腙,后者在碱性溶液中显棕红色。在520nm处进行比色测定,根据丙酮酸生成量的多少可求得ALT的活性单位。本实训采用改良穆氏法,1个ALT活性单位相当于1ml血清在37℃、30分钟时产生的2.5μg丙酮酸。正常值为0~40U。

(1)护士准备:熟悉实训内容,衣帽整洁。

(2)仪器和设备:试管若干支、试管架1个、试管夹1个、刻度吸量管若干、恒温水浴箱1个、分光光度计1个。

(3)试剂:①0.1mol/L磷酸盐缓冲液(pH值7.4)——精确称取Na_2HPO_4 11.928g,KH_2PO_4 2.176g,加水至1000ml;②ALT基质液——称取α-酮戊二酸30mg及丙氨酸1.78g,

1mol/L NaOH 0.5ml，用 pH 值 7.4 磷酸盐缓冲液稀释至 100ml；③丙酮酸标准液（1ml = 200μg）——精确称取丙酮酸钠 126.4mg 溶于 100ml 蒸馏水中；④2,4-二硝基苯肼溶液——称取 2,4-二硝基苯肼 19.8mg，用 10mol/L 盐酸溶解后加水稀释到 100ml，置棕色瓶保存；⑤0.4mol/L NaOH。

（1）取干燥、干净大试管 3 支，标记后按表 7－1 进行操作。

表 7－1　血清 ALT 活性测定

试剂（ml）	空白管	标准管	测定管
血清	0.1	—	0.1
丙酮酸标准液	—	0.1	—
ALT 基质液	—	0.5	0.5
37℃恒温水浴箱中保温 30 分钟			
2,4 二硝基苯肼	0.5	0.5	0.5
ALT 基质液	0.5	—	—
37℃恒温水浴箱中保温 20 分钟			
0.4mol/L NaOH	5.0	5.0	5.0

（2）混匀后静置 10 分钟，用 520nm 波长比色，以空白管调“零”点，读取各管吸光度。

（3）计算：血清 ALT 单位 =（测定管吸光度/标准管吸光度）× 20 ×1/2.5 ×1/0.1。

正常参考值：0～40U。

（1）肝胆疾病：传染性肝炎、中毒性肝炎、肝癌、肝硬化活动期、肝脓疡、脂肪肝、梗阻性黄疸、胆汁淤积或淤滞、胆管炎、胆囊炎。其中慢性肝炎、脂肪肝、肝硬化、肝癌者轻度上升或正常。

（2）其他疾病：急性心肌梗死、心肌炎、心力衰竭时的肝脏淤血、骨骼肌病、传染性单核细胞增多症、胰腺炎、外伤、严重烧伤、休克等。

（3）用药与接触化学品：服用有肝毒性的药物如氯丙嗪、异烟肼、奎宁、水杨酸、氨苄西林、四氯化碳、乙醇、汞、铅、有机磷等，可使 ALT 活力上升。

实训流程

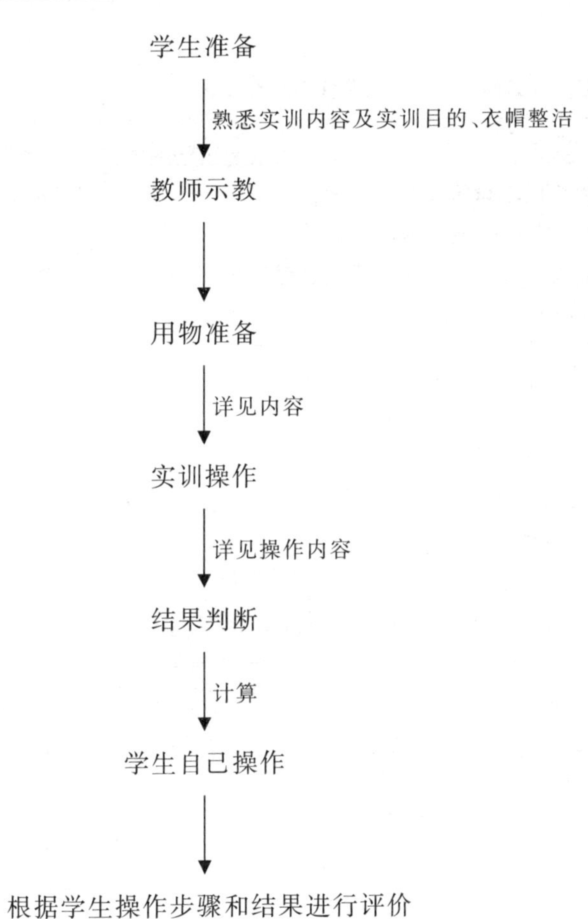
学生准备
熟悉实训内容及实训目的、衣帽整洁
教师示教
用物准备
详见内容
实训操作
详见操作内容
结果判断
计算
学生自己操作
根据学生操作步骤和结果进行评价

详见实训评分标准。

实训七　丙氨酸氨基转移酶活性测定考核参考标准

项目	要求	量分	得分
用物准备	仪器和设备:试管若干支、试管架1个、试管夹1个、刻度吸量管若干、恒温水浴箱1个、分光光度计1个(缺一种扣1分) 试剂:0.1mol/L 磷酸盐缓冲液、ALT基质液、丙酮酸标准液、2,4-二硝基苯肼溶液、0.4mol/L NaOH(缺一种扣1分)	12	
实训操作	(1)0.1mol/L 磷酸盐缓冲液(pH值7.4)的制备 (2)ALT基质液制备 (3)丙酮酸标准液(1ml = 200μg)制备 (4)2,4-二硝基苯肼溶液 (5)取干燥、干净大试管3支加药 (6)用520nm波长比色仪比色记录,计算 提问实训原理、注意事项(根据回答情况适当扣分)	68	
熟练程度	操作时间40分钟 动作轻巧、准确	5 5	
职业规范行为	(1)服装、鞋帽整洁 (2)仪表大方、举止端庄 (3)态度和蔼	4 3 3	

书写实训报告。

实训七　丙氨酸氨基转移酶活性测定实训报告

姓名		实训日期		学号	
班级		带教老师		评分	

【实训目的】

【实训原理】

【实训步骤】

【实训结果及分析】

【临床意义】

教师签名：

批阅时间：